Bibliografische Information der Deutschen Nationalbibliothek:

Die Deutsche Bibliothek verzeichnet diese Publikation in der Deutschen National-
bibliografie; detaillierte bibliografische Daten sind im Internet über http://dnb.d-
nb.de/ abrufbar.

Impressum:

Copyright © 2008 GRIN Verlag, Open Publishing GmbH
Druck und Bindung: Books on Demand GmbH, Norderstedt Germany
ISBN: 978-3-668-04651-1

Dieses Buch bei GRIN:

http://www.grin.com/de/e-book/121766/die-geographie-des-internets

Peter Zweistein

Die Geographie des Internets

Zur Bedeutung von Raum im Internetzeitalter

GRIN Verlag

Die Geographie des Internets

Zur Bedeutung von „Raum" im Internetzeitalter

Inhalt

Einleitung

Das Internet ist ein weltumspannendes Medium. Es hat als neues Informations- und Kommunikationssystem zum Ende des 20. Jahrhunderts die Welt revolutioniert, wie es einst die Eisenbahn oder die Elektrizität in ihrer Epoche taten. Seinen Ursprung nimmt das Internet im Amerika der 50er und 60er Jahre, als nach einer Möglichkeit zur Vernetzung von Universitäten und Forschungseinrichtungen gesucht wurde. Entstanden ist das weltweite Informationsnetz aus einem Projekt der Advanced Research Projects Agency, kurz ARPA, und diente neben den bereits erwähnten Verflechtungsmöglichkeiten zwischen Universitäten (zum Ziele einer verbesserten wissenschaftlichen Zusammenarbeit), unter anderem auch dem Abbau eines vermeintlich existierenden technologischen Vorsprungs der Sowjetunion. Darüber hinaus sollte das ARPANET im Falle eines Atomkrieges zur Sicherung des weltweiten Kommunikationsprozesses beitragen. Als das ARPANET in den späten 60er Jahren des vergangenen Jahrhunderts seine Arbeit aufnahm, war es darauf beschränkt die nicht vorhandene Interoperabilität zwischen Rechnern der Universitäten von Los Angeles (UCLA), Stanford, Santa Barbara und der Universität von Utah abzubauen und die wissenschaftliche Zusammenarbeit zu verbessern. Die „Wiege" des Internets liegt somit im Westen der Vereinigten Staaten, genauer in Kalifornien[2]. In den folgenden Jahren expandierte der Vorläufer des Internets in die westliche Welt, sodass es Anfang der 80er Jahre bereits in weiten Teilen Westeuropas, Kanadas, Japans und der Sowjetunion zur Verfügung stand. Nachdem sich im Jahre 1983 der militärische Zweig der Internetforschung, das MILNET, vom ARPANET abgespalten hatte, wurde es im Jahre 1989 aufgrund finanzieller Aspekte gänzlich aufgelöst. Der Nachfolger des ARPANET, das Internet, „erblickte" Anfang der 90er Jahre das Licht der Welt.

---

[1] aus: Kolko, Jed: The Death of Cities? The Death of Distance? Evidence from the Geography of Commercial Internet Usage. In: Vogelsang, Ingo und Benjamin Compaine (Hrsg.): The Internet Upheaval. MIT Press, 2000b.
[2] im weiteren Verlauf der Arbeit soll der Geographie des Internet eine wesentlichere Bedeutung zugestanden werden. Hierbei ist es wichtig die regionale Entstehungsgeschichte diese Medium aufzuzeigen.

Die räumliche Struktur des Internets

„Sollten diese Veränderungen wirklich so tief greifend sein, dass man von einem Übergang der Industrie- zur Informationsgesellschaft sprechen kann, wie bisweilen vorhergesagt wird, dann erfährt sowohl individuelles Handeln, als auch das politische und wirtschaftliche System einen tief greifenden Wandel."[3]

In den folgenden Abschnitten soll weniger auf den technischen „Background" des Internets mit seinen Hypertext Markup Language (HTML), Uniform Ressource Locator (URL), Domains oder IP-Adressen eingegangen werden, sondern vielmehr auf dessen Implementierung im physischen Raum, unter besonderer Berücksichtigung des „Digital Divide" zwischen Entwicklungs- und Industrieländern, mit der dominierenden Stellung der USA und Europa, sowie auf die räumliche Verteilung von Internetfirmen in den besagten Ländern.

Die Entstehung des Internets und seine rasche Verbreitung in den sog. „more developed countries" wurde von einer schier unvorstellbaren Euphorie getragen. Schnell waren sich viele Wissenschaftler und Politiker, aber auch Akteure aus der Wirtschaft sicher, dass sich die Einführung des Internets im zunehmenden Maße auf die Handlungsweise der Wirtschaft, aber auch auf zwischenmenschliche Beziehungen, auswirken würde. Im Rahmen der einsetzenden Globalisierung setzte man auf die scheinbar ubiquitär verfügbare Ressource Internet, welche das weltweite Handeln zwischen wirtschaftlichen Akteuren als auch von Privatpersonen revolutionieren sollte. Mit der einsetzenden „Digitalen Revolution" kamen Vermutungen über ein mögliches „Ende der Geographie" oder einen „Death of Cities" bzw. „Death of Distance[4]" auf. Die Wissenschaftler jener Tage waren fester Überzeugung, dass aufgrund des Internets und seines Bedeutungszuwachses in der Gesellschaft „die Bedeutung physisch – räumlicher Kategorien sinkt[5]". Inwieweit sich diese Annahmen bis heute bewahrheitet haben, kann mit neueren Studien zahlreicher Autoren aus den USA und Deutschland hinterfragt werden. Um die Aktualität dieser Arbeit zu wahren, werden neben den Studien der im Anschluss näher betrachteten Geographen, auch einige Karten von

---

[3] Heinze, Inga (2000): Wechselbeziehung zwischen Kulturgeographie und Internet. Universität Freiburg.
[4] Frances Cairncross prägte den Begriff „Death of Distance", und deutete damit an, dass der räumliche Aspekt innerhalb der zwischenmenschlichen Kommunikation durch das Internet immer mehr in den Hintergrund treten würde. Die Einschränkungen des physischen Raumes auf jedwede Form der Kommunikation, verbale wie auch non-verbale, sollten damit umgangen werden.
[5] Vgl. Langhagen – Rohrbach, C. (2004): Internet und Internet-User. Wer nutzt das Netz wo? In: Erdkundliches Wissen. Bd. 136, Stuttgart, S. 57 – 77.

DENIC[6], der zentralen Registrierungsstelle für alle Domains unterhalb der Top Level Domain .de, und die von Matthew Zook im Netz[7] zur Verfügung gestellten Karten für die USA und weitere Teile der Welt herangezogen.

Die räumliche Struktur des Internets in den Vereinigten Staaten von Amerika

Flows of data and communications speed around the globe with little regard for municipal, regional, or national boundaries. Despite this disregard for borders, information flows simply cannot exist without the people (living in physical space) who create, regulate, distribute, and consume Internet content and services"[8].

Wie bereits weiter oben angesprochen, kommt der USA eine Vorreiterrolle bei der Einführung bzw. Entwicklung des Internets zu. Die USA gilt zu Recht als Pionier hinsichtlich dieser neuen Technologie, beruht sie doch auf den Überlegungen und Erfahrungen des ARPANET und weiterer Entwicklungen, die letztendlich in der Erschaffung des Internets mündeten. Aufgrund dessen und weiterer Erkenntnisse, die aus dem ARPANET gründeten, wurde das Internet im Bereich der Wirtschaft zum Motor für die wirtschaftliche Prosperität der USA seit den 90er Jahren des 20. Jahrhundert. Dieser Entwicklung verdankt die USA ihr andauerndes Wirtschaftswachstum, das nicht zuletzt durch die „New Economy" getragen wird. Die rasche Entfaltung und Implementierung im Bereich der Wirtschaft, Politik, Kultur und Kommunikation beruhte unter anderem auf der bereits vorhandenen Infrastruktur und einem Fachkräftepotenzial, welches aus dem 1989 aufgelösten ARPANET hervorging. Die weitere Entwicklung des Internets ist besser zu verstehen, setzt man den sozio-ökonomischen Umbruch der 80er und 90er Jahre in Bezug. Hierbei ist die Rede von einer vermeintlichen Transformation bzw. Substitution der „Old Economy" durch eine „New Economy". Eine mögliche Definition könnte lauten:,, *First, that there are four key forces driving the New Economy, namely an information-technology revolution, accelerating globalization, a new entrepreneurialism, and a new political neoliberalism. Second, that it is a quintessentially ʹAmerican growth modelʹ, both originating in and being led by the USA"*[9].

---

[6] www.denic.de

[7] www.zooknic.com

[8] Zook, M.A. (2001). Old Hierarchies or New Networks of Centrality? The Global Geography of the Internet Content Market. In: American Behavioral Scientist. Bd. 44(10), 2001, S.1679-1696.

[9] Martin, Ron (2006): Making Sense of the 'New Economy'?: Realities, Myths and Geographies. In: Peter W. Daniels, Andrew Leyshon, Michael J. Bradshaw, Jonathan Beaverstock (Hrsg.): Geographies of the New Economy. Critical Reflections. Routledge Verlag, S. 15 – 48.

Eine weiterführende Vertiefung in diese Thematik ist nicht Ziel dieser Arbeit, jedoch ist die Verständnis des Strukturwandels in der Wirtschaft soweit von Interesse, da sich dieser auf die räumliche Verteilung sog. ,,e-commerce hubs" und ,,lagging places" bzw. ,,by-passed places" auswirkt, und somit auf die regionale Entwicklung eines Landes.

Als ,,e-commerce hubs" werden all jene Standorte bezeichnet, welche die Umstellung von einer ,,Old Economy" hin zu einer ,,New Economy" am besten vollzogen haben. Auf der anderen Seite stellen sog. ,,lagging places" sowohl rurale, in peripherer Lage befindliche Gegenden, altindustrielle Montangebiet, sowie landwirtschaftlich geprägte Räume dar, in welchen die Anpassungen an die neuen Herausforderungen einer globalisierten Welt gehemmt wurden. Hierzu zählen in den USA Städte wie Chicago oder Philadelphia oder das Ruhrgebiet in der Bundesrepublik Deutschland.

Bei der Untersuchung von regionalen E-Commerce Wachstumspolen, deren Entwicklung auf der Einführung der Innovation Internet basiert, haben sich drei Quellen als besonders ergiebig erwiesen. Hierzu zählt die Untersuchung der räumlichen Verteilung von Domains, der meistbesuchten Webseiten und des Internetfirmenbesatzes. Hierbei soll nicht näher auf die Erläuterung der verschiedenen Quellen eingegangen werden. Diese sind in zahlreichen Arbeiten von Matthew A. Zook, Ron Martin und Tim Jordan explizit erklärt worden. Daher werde ich mich in meiner Arbeit ausschließlich auf die Ergebnisse dieser Autoren auf den amerikanischen Raum beschränken.

Die Entwicklung des Internets in den Vereinigten Staaten wurde in den ersten Jahren besonders von einigen wenigen Regionen getragen. Zu diesen Regionen gehören die ehemaligen Zentren des ARPANET, welche sich in Washington D.C., Boston, Los Angeles und in der San Francisco-Bay befanden. Während sich 1994 die größte Anzahl an Domains noch in Washington D.C. ausfindig machen ließ, verzeichneten in den folgenden Jahren die Regionen um New York, Los Angeles und die San Francisco-Bay die größten Wachstumsraten, sodass sie bereits zwei Jahre später die Region um Washington D.C. bei der Anzahl an Domains überholen konnten. Als besonderes Charakteristikum der weiteren Ausbreitung von Domains gilt das überproportionale Wachstum derjenigen Regionen, welche bereits früh in der Entwicklung des Internets involviert waren. Neben dem starken Wachstum dieser sog. ,,Pionierregionen", treten bereits neue Regionen der sich abzeichnenden Expansion des Internets ins Blickfeld. Gegen Mitte/Ende der neunziger Jahre des 20. Jahrhunderts verzeichnen vor allem die Gebiete im nördlichen und südlichen Kalifornien höchste Zuwächse. Ins besonders die Region um die San Francisco-Bay überragt das übrige Landschaftsbild: *„(…) there is a considerable variation among the 15 regions that score highest in the summed index. The seven hubs at the (…) are identical to the largest metropolitan areas in the USA with the exception of Seattle and the Exclusion of Philadelphia. The rankings, however, do not mirror the size of these regions, as the San Francisco Bay outstrips all other regions in all categories and Chicago ranks lower than expected based on its size"*[10]. Gleichwohl man von einer starken positiven Korrelation zwischen der Anzahl an Domains und der Einwohnerzahl einer Region sprechen kann, beweisen Regionen wie Chicago, Dallas, Philadelphia oder Minneapolis, mitunter das Gegenteil. Verglichen mit der Wirtschaftskraft anderer Sektoren, kommt dem E-Commerce eine weniger bedeutendere Rolle zu. Als besondere Entwicklung bleibt festzuhalten, dass die drei führenden Region New York, San Francisco-Bay und Los Angeles den Großteil der Domains auf sich vereinen. Die Dominanz dieser Regionen spiegelt sich im Verhältnis zum restlichen Amerika wieder, wobei in den drei führenden Agglomerationen so viele Domains registriert sind, wie in den folgenden elf größten Metropolregionen zusammen. Eine weitere Besonderheit ist die Kennzeichnung des Spezialisierungsgrades in ausgewählten Stadtteilen innerhalb eines „e-commerce hub" wie in San Francisco. Besonders auffällig ist die Konzentration an Domains in Stadtteilen, welche einen hohen Besatz an Firmen der Hoch-Technologie aufweisen. Hier sei vor allem an erster Stelle das Silicon Valley im Süden von San Francisco genannt, welches als eines der führenden Forschungs- und Industriegebiete der USA gilt und Sitz von namhaften Firmen wie Google, Yahoo, Apple oder Hewlett-Packard ist. Weitere Cluster finden sich in San Jose und Manhattan. Abseits dieser als „e-commerce hubs" deklarierten Regionen haben sich weitere Städte (zum Teil unerwartet), zu sog. „e-commerce nodes"[11], also Knotenpunkten für E-Commerce entwickelt. Zu dieser Gruppe gehört laut Zook die Stadt Miami, welche aufgrund ihrer Verbindung mit dem lateinamerikanischen Raum hierbei als Knoten fungiert. Ein weitere „node" ist Austin, die Hauptstadt von Texas, welche in Anlehnung an das Silicon Valley und aufgrund ihrer landschaftlichen Beschaffenheit als Silicon Hills bezeichnet wird. Einige große Arbeitgeber der Computerbranche vor Ort sind Dell Computer, IBM, National Instruments und Hewlett –Packard. San Diego ist eine weitere

---

[10] Vgl. Zook, M.A. (2002): Hubs, Nodes and by-passed places: a Typology of E-commerce regions in the United States. In: Tijdschrift voor Economische en Sociale Geografie, Vol. 93, No. 5: S. 515.
[11] Die Begriffsbezeichnungen „hub", „node" und „by-passed places" sind von Matthew A. Zook übernommen.

Stadt aus Kalifornien, welche aufgrund der Präsenz von Telekommunikations- und Biotechnologieindustrie als ein „e-commerce node" gilt. Hiermit wird bereits eines klar deutlich. Diejenigen Regionen welche sich besonders gut an die veränderten wirtschaftlichen Rahmenbedingungen der 80er und 90er Jahre des 20. Jahrhunderts angepasst haben, und einen gewissen „first-mover advantage" innehaben, bauten in den folgenden Jahren ihre Führungsposition als E-Commerce - „hubs", „nodes" oder „places", entsprechend ihrer Größe, aus. Diese Entwicklung wird nicht nur durch die relative Anzahl an Domains innerhalb einer Region, sondern auch durch die meistbesuchten Webseiten und durch den Internetfirmenbesatz bekräftigt. Weiterführende Untersuchungen durch Zook haben gezeigt, dass andere Faktoren wie z. B. die Standorte von „Top Websites" die Theorie bestätigen, wonach eine regionale Konzentration von E-Commerce in den bereits weiter oben genannten Städten anzutreffen ist. Fügt man den Faktor Internetfirmenbesatz hinzu, so ergibt die Lokalisation dieser Indizes ein vergleichbares Muster wie die Untersuchung der räumlichen Verteilung von Domains. Im Klartext heißt das, dass eine gewisse Konzentration von E-Commerce in ausgewählten Agglomeration wie New York, San Francisco und Los Angeles vorzufinden ist. Zook folgert hieraus, dass die Verteilung von „e-commerce hubs" der Städtehierarchie identisch ist.

Anders verhält es sich mit sog. „by-passed places", als Regionen mit einem unterdurchschnittlichen Anteil an den genannten Faktoren wie Domains, Top Websites und Internetfirmenbesatz. Nach Zook konzentrieren sich „by-passed places" erstrangig auf den Süden und Mittleren Westen der USA, wo bis heute die landwirtschaftliche Produktion und das Verarbeitende Gewerbe dominieren, wo also die Bedarfsdeckungswirtschaft überrepräsentiert ist.

Die folgenden Karten zeigen die Verteilung und Konzentration der Internetdienstanbieter für die Vereinigten Staaten von Amerika. Als Datenquelle diente die amerikanische Regierungsstelle *Federal Communications Commission*[12].

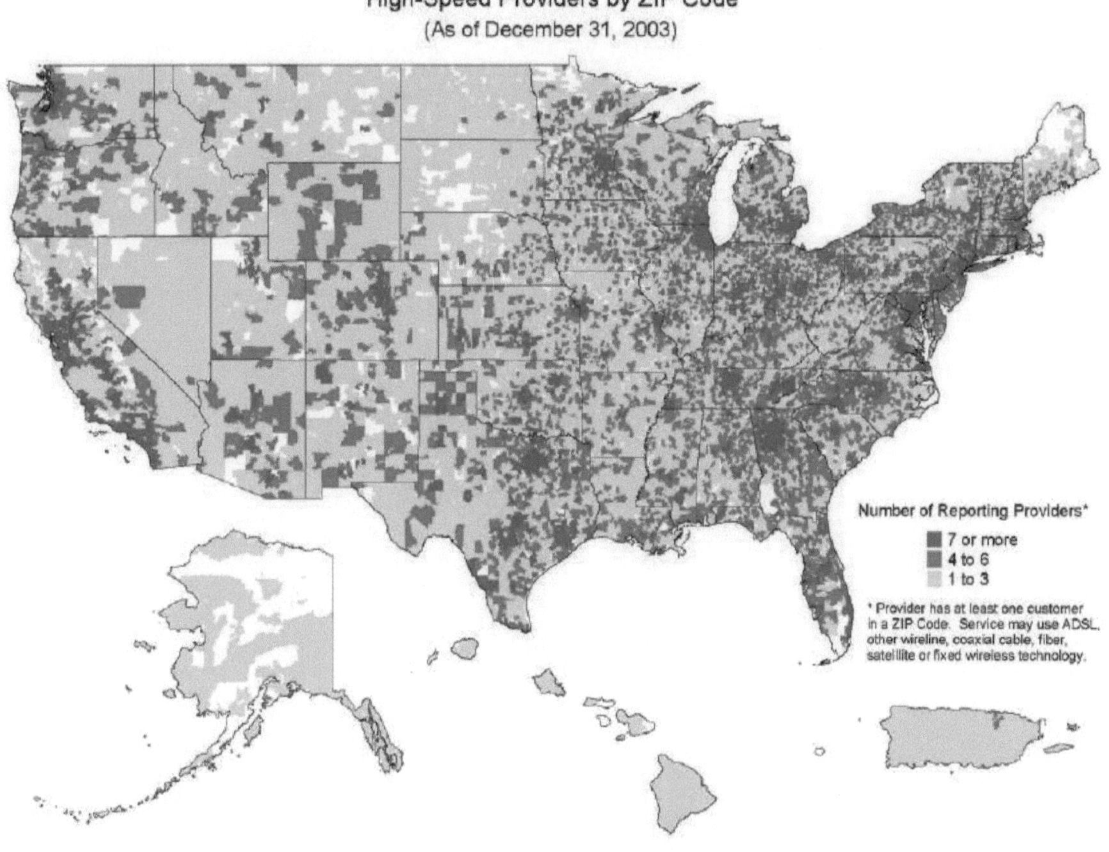

Abb. 1 Verteilung von Internetdienstanbietern in den USA für das Jahr 2003. Entnommen aus: http://www.ntia.doc.gov/files/ntia/publications/networkednationbroadbandsummary.pdf

Wie Abbildung 1 zeigt, entspricht die räumliche Verteilung von Internetdienstanbietern in den USA den von Matthew A. Zook gemachten Erkenntnissen, wonach die größte Konzentration von Domains, „Top Websites" und Internetfirmen ins besonders an der West- und Ostküste der USA vorzufinden sind. An der Westküste ist die größte Konzentration an Providern in Los Angeles und San Francisco für den Bundesstaat Kalifornien und Seattle für den Bundesstaat Washington zu erkennen. An der Ostküste dominieren die Städte Boston, New York und Washington D.C., sowie Florida im Süden. Weitere Konzentrationen finden sich in Austin (Texas) und in Atlanta, der Hauptstadt von Georgia. Danach scheint die Ansiedlung von Internetdienstanbietern und der Ausbau von Breitbandinternetzugängen gleichen Mustern wie die Verteilung der vom E-Commerce dominierenden Regionen zu

---

[12] http://www.fcc.gov/

folgen. Deutlich ist die Konzentration an Providern in den Metropolregionen erkennbar. Besonders auffällig ist diese Entwicklung, vergleicht man die Verteilung von Providern und der Bevölkerungsdichte nach Bezirken.

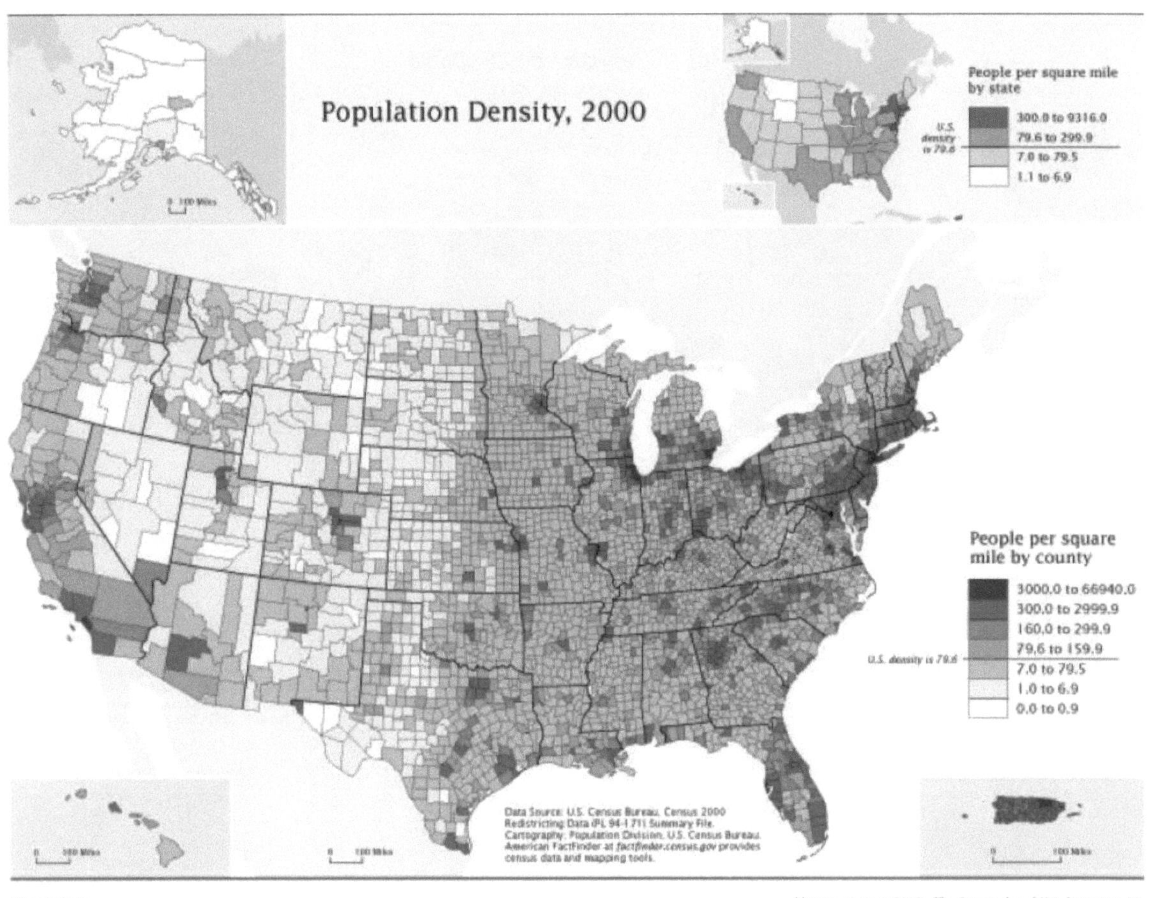

Abb. 2 Bevölkerungsdichte nach Bezirk in den USA für das Jahr 2000. Quelle: United States Census Bureau[13].

Anknüpfend an die Vermutung von Zook, wonach die räumliche Verteilung von Internetbetrieben eine Folge der Bevölkerungsverteilung ist und einer städtischen Hierarchie folgt, ist eine Korrelation zwischen der Verteilung von Providern und der jeweiligen Bevölkerungsdichte einer Region erkennbar.

Auffällig ist die rasche Expansion von Internetdienstanbietern seit 2003 bis 2006. Wie Abb. 3 zeigt, erfolgte ein starkes Wachstum in die Fläche, jedoch weiterhin mit den größten Konzentrationen innerhalb von Agglomerationsräumen.

---

[13] http://www.census.gov/population/cen2000/atlas/censr01-103.pdf

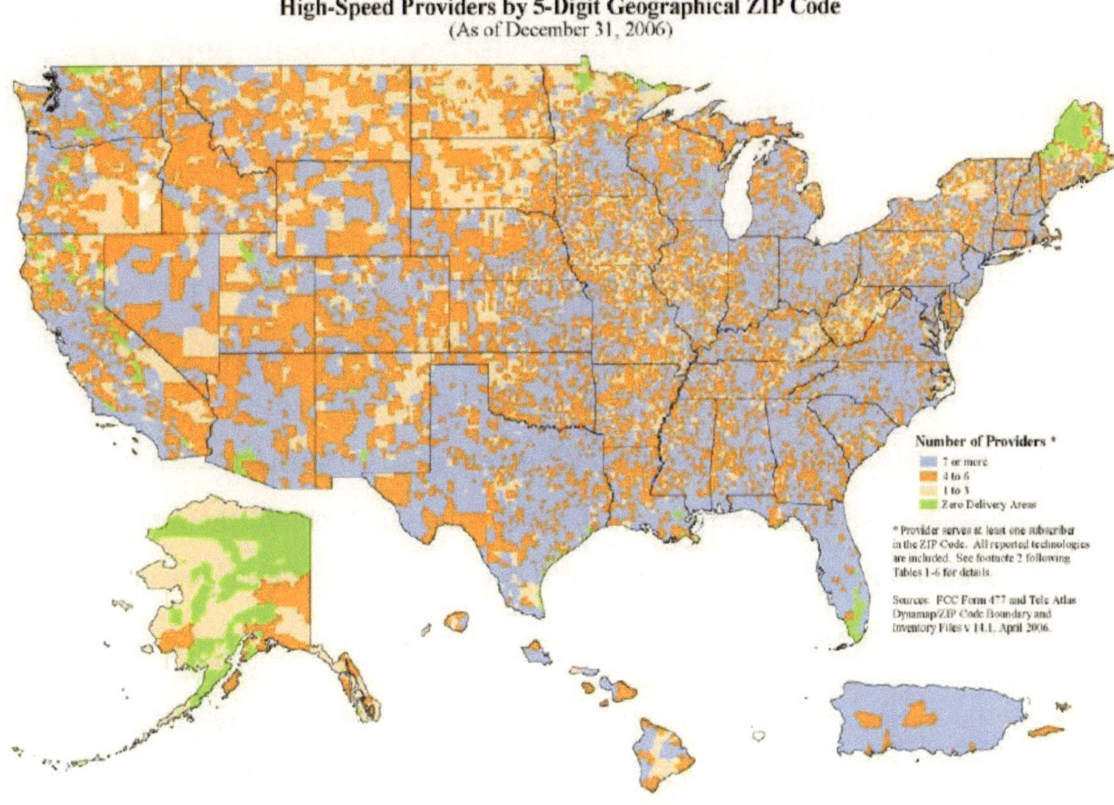

Abb. 3 Verteilung von Internetdienstanbietern in den USA für das Jahr 2006. Entnommen aus: http://www.ntia.doc.gov/files/ntia/publications/networkednationbroadbandsummary.pdf

Beeindruckend sind die Wachstumsraten von 1100 Prozent zwischen den Jahren 2000 und 2006, sowie die Zunahme der Breitbandanschlüssen von 6.8 Millionen im Dezember 2000 auf 82.5 Millionen im Dezember 2006. Gleichzeitig hat sich die Anzahl der *Internet Service Provider* im genannten Zeitraum mehr als verdreifacht. Mit dem Ausbau des Breitbandanschlusses werden seit 2006 bis zu 99 Prozent der Bevölkerung erreicht[14].

Obgleich der Ausbau und die Expansion des Breitbandanschlusses in die Fläche nicht zwingend repräsentativ ist für die Entwicklung von E-Commerce in den USA, so kann man hierdurch etwas über die „Angebotsseite" in Erfahrung bringen. Während E-Commerce etwas über die „Nachfrageseite" ausdruckt, also inwieweit bestimmte Firmen wo lokalisiert sind und welche Güter bzw. Produkte angeboten werden, ist die Ausweitung von Providern in die Fläche und ihr Angebot von Breitbandanschlüssen ein Signalgeber für den Konsumwunsch des Kunden hinsichtlich der Möglichkeit eines Internetanschlusses. Beide Verfahren zeigen einen starken Zusammenhang hinsichtlich der räumlichen Konzentration in den am meist besiedelten Gegenden.

---

[14] Quelle: http://www.ntia.doc.gov/reports/2008/NetworkedNationBroadbandSummary.pdf

Die regionale Verteilung von Internetbasierten Unternehmen in der Bundesrepublik Deutschland

Um einen möglichen Vergleich zwischen verschiedenen Teilräumen der Welt erstellen zu können, wird im folgenden Abschnitt näher auf die regionale Struktur des Internets in Deutschland eingegangen. Die Fragestellung hierbei lautet, inwieweit es zu regionalen Internetcluster kommt und worin die Gründe hierin liegen. Mehrere empirische Studien von namhaften deutschen Geographen der vergangenen Jahre haben gezeigt, dass die Situation der räumlichen Verteilung von E-Commerce scheinbar gleichen Mustern wie in den USA folgt. Festzustellen bleibt, in welchen Regionen eine überdurchschnittliche Anzahl an Internetbetrieben vorzufinden ist, und nach welchen Kriterien sich diese ausgerechnet an diesen Standorten angesiedelt haben.

Die räumliche Verteilung von Internetbetrieben folgt gleichen Mustern wie das Beispiel der USA zuvor. Die Konzentration von Internetbetrieben findet hierbei erstrangig in den führenden Agglomerationen der Bundesrepublik Deutschland statt. Zu den größten Internetcluster gehören Städte wie München, Stuttgart, Hamburg, Köln, Frankfurt oder Berlin. Die größte Konzentration von Internetbetrieben findet sich im Süden und Südwesten Deutschlands, während die neuen Bundesländer unterrepräsentiert sind. Nach Rolf Sternberg[15] stellt dabei die Region um und in München die größte Anzahl an Internetbetrieben dar und kann daher als „Top Internet Region" bezeichnet werden[16].

Auch in Deutschland hat sich die Untersuchung der räumlichen Verteilung von E-Commerce anhand von Domains bewährt. Zahlreiche Autoren berufen sich auf diese Datenquelle und im Rahmen meiner Arbeit werde ich mich auf einige Karten von DENIC beziehen, mit deren Hilfe ich die weitere Entwicklung von Domains seit 2000 darstellen möchte.

Vergleichbar mit der Entwicklung von Domains in den USA, hat das stärkste Wachstum innerhalb Deutschlands Mitte der 90er Jahre in den hochrangigen Zentren München, Stuttgart, Frankfurt und Köln stattgefunden. In dieser Phase profitierten in erster Linie die zentralen Stadtbereiche von dieser Entwicklung, während im Stadtumland kaum oder gar kein Wachstum festzustellen ist. Gegen Ende der 1990er ist ein Wachstum in die Fläche

---

[15] Sternberg, R. and M. Krymalowski (2002): Internet domains and the innovativeness of cities/regions – Evidence from Germany and Munich. In: European Planning Studies, Vol. 10, No. 2: 251-273.
[16] Die Gründe hierzu werden weiter unten erklärt.

erkennbar, mit dem größten Wachstum im Stadtumland. Bundesweit verzeichnet ins besonders der Süden und Westen der Republik die größten Zuwächse, während der Norden vergleichsweise langsamer wächst. Signifikante Unterschiede finden sich im Ost – West Vergleich, wonach im Osten das Wachstum ausschließlich auf einige wenige Großstädte konzentriert ist. Hierbei wird die dominierende Stellung der Bundeshauptstadt Berlin innerhalb der ostdeutschen Stadtlandschaft erkennbar. Das Jahr 1999 ist gekennzeichnet durch die höchsten je gemessenen Wachstumsraten in Deutschland, mit Spitzenwerten von bis zu 1000 Prozent. Charakteristisch ist die fortlaufende Expansion ins Umland und die nachholende Entwicklung in Ostdeutschland, mit Berlin an der Spitze. Im Jahr der sog. „Dotcom – Blase" ist ein Wachstumsrückgang durch einsetzende Marktsättigung zu verzeichnen. Die höchsten (im Vergleich zum Vorjahr verringerten) Wachstumsraten finden in und um die Metropolregionen statt sowie in einigen Teilen der neuen Bundesländer im Rahmen einer weiterhin fortlaufend nachholenden Entwicklung.

Gründe für die räumliche Disparität von Domains in Deutschland

> *„However, no single hypothesis alone is able to explain the spatial structure of .de-domains, rather a mixture of factors indicating external economies, creation of knowledge and highly qualified labour is best. The knowledge and attitude of these individuals is crucial for the adaptation and diffusion of an innovation like the Internet. Thus, the Internet does not create new regions but it replicates, a least in Germany, the well-known ranking of regions in terms of high-tech"[17].*

Es gibt eine Vielzahl an Faktoren, die die Ansiedlung von Internetbetrieben in Verdichtungsräumen erklären können. Zum einen ergibt sich aufgrund der vorhandenen Telekommunikationsinfrastruktur und somit der zur Verfügung gestellten Datenleitungen eine verbesserte Handlungsfähigkeit für E-Commerce. Dabei stellt die Infrastruktur den Grundbaustein, sozusagen das Fundament, für ein erfolgreiches E-Commerce Unternehmen. Man kann sagen „Ohne Infrastruktur, kein E-Commerce" (verständlich), und aus diesem Grund auch der erste Faktor warum sich in der Anfangsphase die ersten E-Commerce Unternehmen bzw. die registrierten Domains auf die Verdichtungsräume konzentrierten (Anschlussmöglichkeit). Erst in den folgenden Jahren kamen weitere, wesentlichere Faktoren hinzu, sodass der Infrastruktur immer weniger Bedeutung beigemessen wurde[18]. Zu diesen neuen Faktoren bzw. Gründen für eine Ansiedlung kommen nicht mehr nur harte, sondern

---

[17] Vgl. Sternberg, R. and M. Krymalowski (2002): Internet domains and the innovativeness of cities/regions – Evidence from Germany and Munich. In: European Planning Studies, Vol. 10, No. 2: S. 251.
[18] Bedingt durch den Ausbau des Telekommunikationsnetzes und der Verfügbarkeit von Breitbandanschlüssen.

zunehmend auch weiche Standortfaktoren hinzu. Laut Susanne Kickner[19] ist ein wichtiger Faktor für die Niederlassung in einer Region, die Lebensqualität vor Ort. Demnach ist ein starker Zusammenhang zwischen der Anzahl an Internetbetrieben in einer Stadt und ihrer Platzierung im bundesweiten Städteranking zu erkennen. Weitere Gründe für die Etablierung von Internetbetrieben sind die am Ort vorhandenen Branchen, welche die Adaption von internetbasierten Anwendungen begünstigen. Hierzu gehören hochrangige Dienstleistungen aus dem Bereich Finanzen, Tourismus und Medien, sowie Standorte mit Sitz der High – Tech Industrie. Den Erläuterungen Sternbergs folgend verdankt München seine Position als „Top Internet Region" dem hohen Anteil der dort ansässigen Hochtechnologiefirmen. Darüber hinaus ist München führend im Bereich Medien und des zur Verfügung stehenden Risikokapitals. Zusammen mit Köln stellt München die meisten Arbeitsplätze im Mediensektor, in erster Linie im Bereich Film (sowohl Kino als auch Fernsehen), und zudem bei Nachrichtenagenturen. Hieraus folgert Sternberg: *„ the real competitive advantage in the Internet content business lies in a region's ability to produce information to be distributed via the Internet and that is why regions with large media or entertainment sectors are at an advantage"*[20]. Als weiterer ergänzender Faktor kommt dem Humankapitalansatz eine hohe Bedeutung zu. Es hat sich bestätigt, dass ein starker Zusammenhang zwischen dem Arbeitskräftepotenzial und der Zahl an Internetfirmen vor Ort besteht. Besonders diejenigen Regionen, die über eine breite Schar an hoch qualifizierten Arbeitskräften verfügen, weisen überdurchschnittliche Anteile an Internetfirmen auf. Zudem ist die Wachstumsrate von Domains größer. Der „Brain Drain" ist ein möglicher Ansatz um die wirtschaftliche Entwicklung im Osten Deutschlands erklären zu können. Es spricht nichts dagegen diesen auch auf die Verteilung von Domains zu beziehen, da hinlänglich bewiesen wurde, dass Regionen die über einen hohen Prozentsatz an gut ausgebildeten Fachkräften verfügen, gleichzeitig einen überdurchschnittlichen Anteil an Domains aufweisen. Wie die innerdeutsche Binnenmigration zeigt, profitieren besonders die führenden Verdichtungsräume der alten Bundesländer, zunehmend diejenigen im Süden und Südwesten, von der seit den 90er Jahren anhaltenden Zuwanderung junger Fachkräfte aus der ehemaligen DDR.

---

[19] Kickner, S. (2006): Lage und Verteilung der Internetbetriebe in der Bundesrepublik Deutschland. In: Erdkunde, Kleve, Bd. 60 (1): 51-63.
[20] Vgl.: Sternberg, R. and M. Krymalowski (2002): Internet domains and the innovativeness of cities/regions – Evidence from Germany and Munich. In: European Planning Studies, Vol. 10, No. 2: S. 266.

Die folgenden Erörterungen behandeln das Wachstum von Domains für den deutschen Raum seit 2000.

Zusammenfassend kann die Entwicklung von de.domains bis 2000 wie folgt beschrieben werden. In der Anfangsphase des „New Economy" – Booms sind die höchsten Wachstumsraten an Domains in den führenden Agglomerationen zu verzeichnen. Zwar findet in den folgenden Jahren eine Expansion ins jeweilige Umland der Großstädte statt, dennoch dominieren diese weiterhin hinsichtlich ihrer absoluten Zahlen. Gegen die Erwartungen, die von einer zunehmenden Gleichverteilung bzw. sich abschwächenden Konzentration ausgehen, entwickeln sich wenige Regionen zu führenden E-Commerce Zentren. Dies wird umso deutlicher nach dem „Zerplatzen der Internetblase" im April 2000.

Die Abbildung 4 zeigt das Wachstum von .de-Domains für den Zeitraum zwischen 1994 und 2008[21].

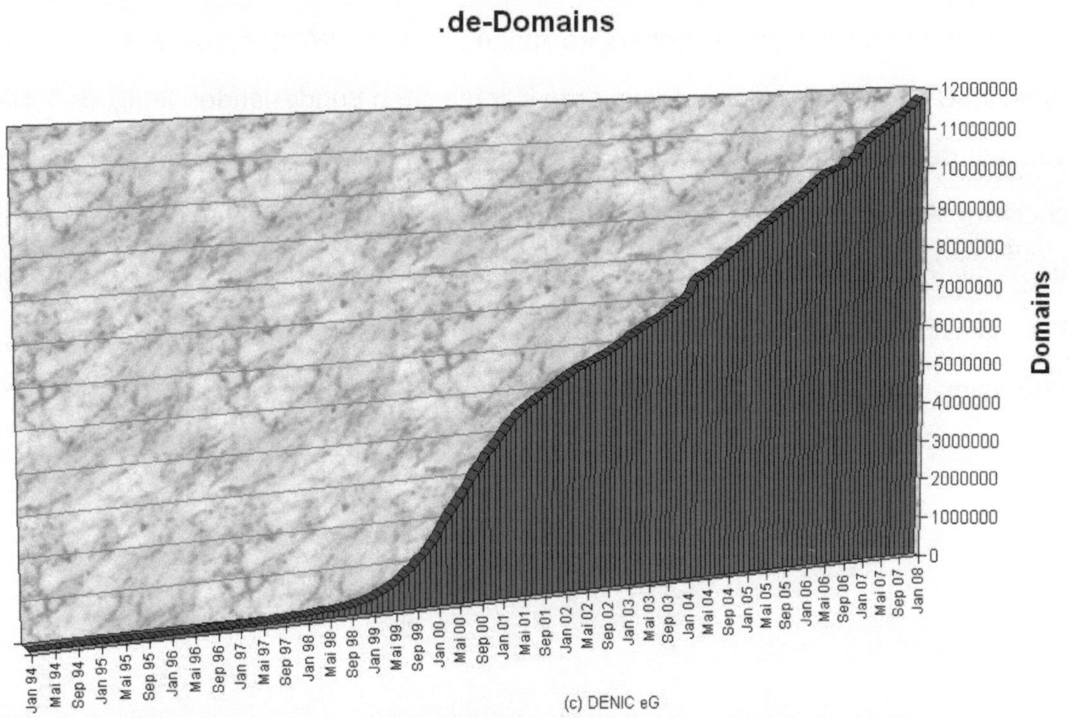

Abb. 4 Absolute Anzahl der registrierten Domains ins Deutschland bis 2008.

Über einen langen Zeitraum von 4 Jahren blieb die absolute Anzahl an registrierten Domains relativ konstant. Ausgehend von 1.100 Domains Anfang 1994 stieg die Zahl bis Januar 1998 auf 112.000. Beeindruckender sind hierbei die Zuwachsraten von 10.000 Prozent innerhalb

---

[21] Quelle: http://www.denic.de/de/domains/statistiken/index.html

von 4 Jahren. Im Mai 1998 setzt ein deutlicher Zuwachs der absoluten Zahlen ein, welche bis Mai 2002 von 151.000 auf 5.5 Millionen klettern. Dies entspricht einem Wachstum von 3600 Prozent. Ab Mai 2002 bis Januar 2008 nimmt die Zahl der registrierten Domains von 5.5 Millionen auf 11.7 Millionen zu, was einer Wachstumsrate von 212 Prozentpunkten entspricht. Im weltweiten Vergleich der Top Level Domains belegt die .de Domain Anfang 2008 den zweiten Platz, nach .com mit ca. 72 Millionen registrierten Domains und vor .net mit ca. 10.7 Millionen.

Regionale Verteilung

Die größte Zahl an Domains ist weiterhin in den führenden Großstadtregionen vorzufinden. Darüber hinaus ist eine Ausstrahlung in das jeweilige Umland der Städte zu erkennen. Von dieser Entwicklung sind insgeheim die Regionen um Stuttgart und weite Teile des Ruhrgebietes davon betroffen. Die Verteilung der absoluten Zahlen scheint der existierenden Städtehierarchie zu folgen, so führt die Stadt Berlin das Ranking im Jahr 2006 mit ca. 550.000 Domains an, vor Hamburg mit 385.000 und München mit ungefähr 355.000 registrierten Domains. Weitere Domainhochburgen sind Köln, Düsseldorf und Bonn für das Ruhrgebiet, sowie Frankfurt, Stuttgart und Nürnberg im Süden und Süd – Westen, sowie Hannover im Norden. Im Ost – West Vergleich dominieren klar die alten Bundesländer, lediglich Berlin ,als Hauptstadt der Republik und einwohnerzahlenstärkste Stadt in Deutschland, tritt hier in Erscheinung. Sowohl bei den absoluten als auch bei den relativen Zahlen dominiert Berlin die ostdeutsche Städtelandschaft. Im bundesweiten Vergleich ist München für das Jahr 2006 mit 282 Domains pro 1000 Einwohnern führend. Auf den weiteren Rängen folgen Nürnberg mit 264 Domains, Bonn 260, Düsseldorf 246 und Köln mit 227 Domains pro 1000 Einwohnern[22].

„Digital Divide" – Die digitale Bildungskluft

„The conclusion is reached that even as the Internet is growing in all regions world-wide it remains concentrated in the highly developed nations".[23]

Wie bereits gesehen, bestehen hinsichtlich der Verbreitung von E-Commerce räumliche Disparitäten auf nationaler Ebene. Inwieweit räumliche Unterschiede bei der Verbreitung des Internets und von Internetbetrieben in der Welt vorliegen, soll Schwerpunkt des folgenden Abschnitts sein. Es ist nicht weiter verwunderlich, dass die stärkste Ausbreitung und Konzentration des Internets in erster Linie in den Industrieländern erfolgt. Obwohl es zu einer immer schnelleren Verbreitung des Internets weltweit kommt, und obwohl die Wachstumsraten ausserhalb der Industrieländer, hier zusehends innerhalb der Schwellenländern, höher sind, wird das Internet weiterhin durch die Triade, also die drei größten Volkswirtschaften der Welt mit der NAFTA, EU und den asiatischen Tigerstaaten, dominiert[24]: *„just as these blocks dominate world trade, so (unsurprisingly) they also account for the bulk of Internet flows. At another level, the maps of connectivity within major blocs and countries, such as Western Europe and the USA, reveal how Internet service and bandwidth providers (ISPs and BPs), network access points (NAPs) and Internet exchange points (IXPs), cluster in and around the major cities. These cities are the hubs and nodes of the largest networks (´backbone´), that own or lease international and national high-speed fibre optic networks and deliver Internet and broadband services around the world for the many smaller networks"[25].*

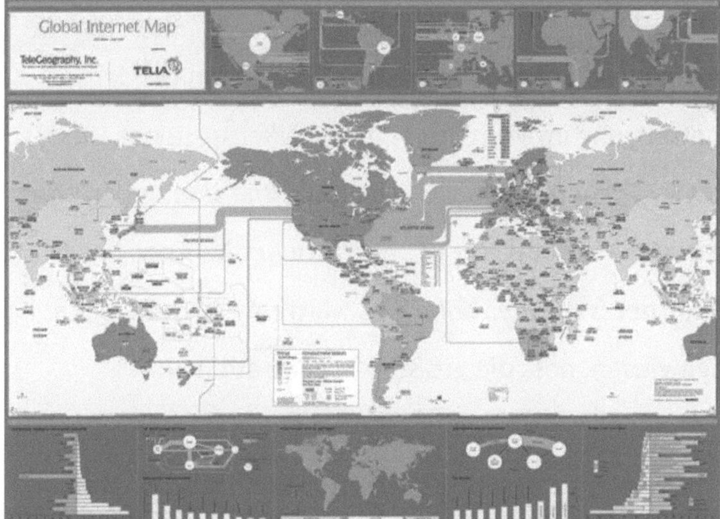

Abb. 12
TeleGeography's Global Internet Map.
Internationale Internetinfrastruktur[26].

---

[23] Vgl.: Jordan, T. (2001): Measuring the internet: Host counts versus business plans. In: Information, Communication & Society, Vol. 4, No. 1: S. 34.

[24] Ins besonders durch die USA, Deutschland und Japan.

[25] Vgl.: Martin, Ron (2006): Making Sense of the 'New Economy'?: Realities, Myths and Geographies. In: Peter W. Daniels, Andrew Leyshon, Michael J. Bradshaw, Jonathan Beaverstock (Hrsg.): Geographies of the New Economy. Critical Reflections. Routledge Verlag, S. 34.

[26] Quelle: http://www.telegeography.com/products/map_internet/images/internet-map-2001_1088px.gif

WORLD INTERNET USAGE AND POPULATION STATISTICS						
World Regions	Population (2007 Est.)	Population % of World	Internet Usage, Latest Data	% Population (Penetration)	Usage % of World	Usage Growth 2000-2007
Africa	933,448,292	14.2 %	43,995,700	4.7 %	3.5 %	874.6 %
Asia	3,712,527,624	56.5 %	459,476,825	12.4 %	36.9 %	302.0 %
Europe	809,624,686	12.3 %	337,878,613	41.7 %	27.2%	221.5 %
Middle East	193,452,727	2.9 %	33,510,500	17.3 %	2.7 %	920.2 %
North America	334,538,018	5.1 %	234,788,864	70.2 %	18.9%	117.2 %
Latin America/Caribbean	556,606,627	8.5 %	115,759,709	20.8 %	9.3 %	540.7 %
Oceania / Australia	34,468,443	0.5 %	19,039,390	55.2 %	1.5 %	149.9 %
WORLD TOTAL	6,574,666,417	100.0 %	1,244,449,601	18.9 %	100.0 %	244.7 %

Abb. 13 weltweite Internetnutzung nach ausgewählten Regionen für 2007[27]

Der Homepage „Internet World Stats" ist zu entnehmen, dass der weitaus größte Anteil der Internetnutzung auf Asien entfällt. Asien ist aufgrund seines Bevölkerungsreichtums klar die dominierende Nummer 1 bei den absoluten Zahlen. Gemessen an der Internetdurchdringung ist die USA mit 70% weltweit führend. An zweiter Stelle folgt Ozenanien/Australien, das aufgrund seiner geringen absoluten Anteile hierbei vernachlässigt werden kann. Die weiteren Plätze belegen Europa mit 41,7% und Latein Amerika mit 20,8%. Asien hat aufgrund seiner demographischen Beschaffenheit hier nur einen Anteil von 12,4%. Als Ursache kommt der in Asien extrem hohe Anteil der Landbevölkerung an der Gesamtpopulation zum tragen[28]. Asien dominiert nicht nur hinsichtlich der beachtlichen Bevölkerungszahl, sondern zudem bei der Internetnutzung. Viel interessanter ist jedoch die Situation in den USA und Europa. Dort zeigt sich nämlich, dass beide Regionen bei den relativen Anteilen, also bei der Internetnutzung im Verhältnis zur Bevölkerung eines Landes, dominieren. Hieraus folgert Tim Jordan: „ *The Internet Society adopted the slogan 'Internet is for everyone'; while it is a laudable aim the sober result of statistical analysis can only support the current conclusion that 'Internet is for the well-off'*[29]. Matthew A. Zook hat in seinen Arbeiten darüber hinaus nachgewiesen, dass die größte Konzentration an Internetnutzung und Internetinhalten in den größten Agglomerationen eines Landes vorzufinden ist, dies vor allem in sog. 'Global Cities', d.h. Städten von Weltrang wie New York, London oder Tokyo, den Finanzzentren der Welt. Neben der dominierenden Stellung der Metropolen, entwickeln sich laut Zook weitere kleinere Städte zu Internetzentren wie

---

[27] Quelle: http://www.internetworldstats.com/stats.htm
[28] z.B. in China
[29] Vgl.: Jordan, T. (2001): Measuring the internet: Host counts versus business plans. In: Information, Communication & Society, Vol. 4, No. 1: S. 52.

Austin und San Diego in den USA, oder Zürich, Oslo und München in Europa. Auffällig ist der hohe Anteil an amerikanischen Internetfirmen und Websites im weltweiten Ranking. So kamen 2000 von den weltweit meistbesuchten Websites, alleine 94 aus den USA. In erster Linie aus der Region um die San Francisco-Bay. Wie wichtig „Raum" für das Medium Internet ist, zeigen die Beobachtungen von Zook. Danach entfallen auf die Top 500 Städte, welche grade einmal 13% der Weltbevölkerung beherbergen, sensationelle 64% aller registrierten Domains. Gegen alle früheren Erwartungen, stellt Ron Martin fest: *„Place even matters for the Internet".*

Die Entwicklung des Internet zu einer weltweiten Kommunikationsplattform seit den frühen 90er Jahren darf dennoch nicht darüber hinweg täuschen, dass es scheinbare Gegensätze weiter ausbaut, als diese zu verringern. Am besten zeigt sich dies am Beispiel von Afrika.

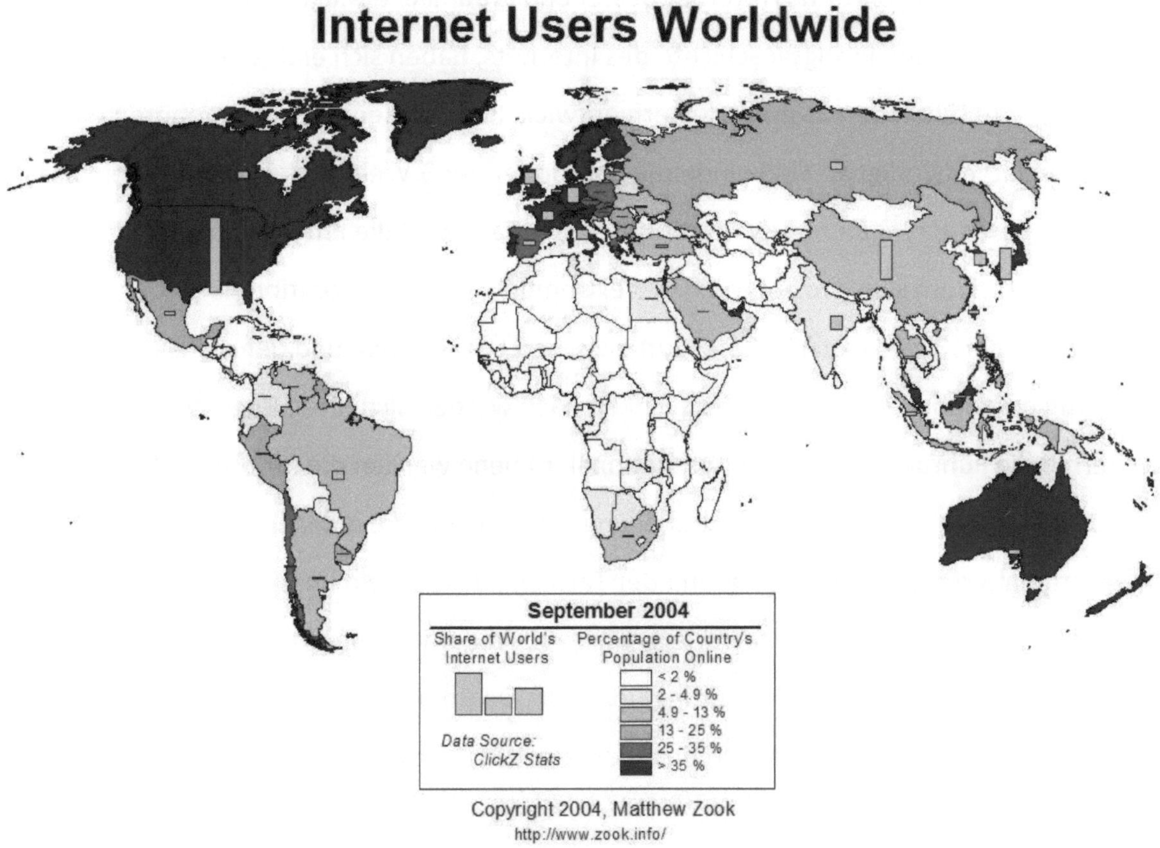

Abb. 14 Verteilung der weltweiten Internetnutzer für das Jahr 2004.[30]

Abb. 13 ist zu entnehmen, dass obwohl annähernd die höchsten Wachstumsraten zwischen 2000 und 2007 in Afrika verzeichnet werden, der Kontinent nach wie vor über eine sehr geringe Anzahl an Internetnutzern verfügt. Die Karte mit der weltweiten Verteilung der

---

[30] Quelle: http://www.zooknic.com/

Internetnutzer für 2004 zeigt, dass weiterhin eine deutliche Kluft zwischen Industrie- und Entwicklungsländern besteht: *„It has been noted that the emergence of the 'information society' or even the 'information age' has brought a widening of the gap between richer and poorer, not a narrowing as some hope (or even expect)"*[31].Es scheint, dass sch daran auf absehbare Zeit nichts ändern wird.

Zusammenfassung

Wie die vorhergehenden Abschnitte dieser Arbeit gezeigt haben, kann für das Internet weiterhin eine gewisse dichte Raumstruktur, in erster Linie in den Industrieländern dieser Welt, proklamiert werden. Gegen die Vermutungen über ein mögliches „Ende der Geographie", rekonstruiert das Internet bestehende räumliche Muster. Seit der annähernd 20 Jahre andauernden Erfolgsgeschichte des Internets, haben sich einige wenige Regionen bzw. Länder zu führenden Internetclustern entwickelt. Zu diesen Regionen gehören die USA und Europa. Die „Verlierer" sind eindeutig die Länder der 3.Welt, in denen auf absehbare Zeit keine Veränderungen zu erwarten sind. Interessant wird die Entwicklung in den asiatischen Ländern sein, wo aufgrund der extremen Einwohnersituation Potentiale bestehen. Nichts desto trotz, ist eine Kluft zwischen USA, Europa und der restlichen Welt, eindeutig erkennbar. Aller Wahrscheinlichkeit nach werden sich diese Regionen auch weiterhin die Führungsrolle teilen. Auf nationaler Ebene werden die führenden Metropol- und Großstadtregionen ihre Vormachtstellung wahren, und die größten Mengen an Internetinhalten produzieren. Aufgrund der Tatsache das sich ein immer größerer Teil der Weltbevölkerung in Städten konzentriert, wird auch die Nachfragerseite in den Städten wachsen. Somit ist gegen die Vermutung über ein „Death of Citites", den Städten des Informations- und Internetzeitalters ein eindeutiger Bedeutungszuwachs zu attestieren.

---

[31] Vgl.: Vgl.: Jordan, T. (2001): Measuring the internet: Host counts versus business plans. In: Information, Communication & Society, Vol. 4, No. 1: S. 51.

Literatur

Jordan, T. (2001): Measuring the internet: Host counts versus business plans. In: *Information, Communication & Society*, Vol. 4, No. 1: 34-53.

Kickner, S. (2006): Lage und Verteilung der Internetbetriebe in der Bundesrepublik Deutschland. In: *Erdkunde*, Kleve, Bd 60 (1): 51-63.

Langhagen-Rohrbach, C. (2002): Das Internet in Deutschland. Regionale Strukturen und Wachstumsmuster – das Beispiel der „de-domains". In: *Raumforschung und Raumordnung*, 60 Jg., H. 1: 37-47.

Langhagen-Rohrbach, C. (2004): Internet und Internet-User. Wer nutzt das Internet wo? In: Budke, A., Kanwischer, D. und A. Pott (Hg.): *Internetgeographien*. Erdkundliches Wissen, Bd. 136. Franz Steiner Verlag, Stuttgart. S. 57-77.

Sternberg, R. and M. Krymalowski (2002): Internet domains and the innovativeness of cities/regions – Evidence from Germany and Munich. In: *European Planning Studies*, Vol. 10, No. 2: 251-273.

Zook, M.A. (2001): Old hierarchies or new networks of centrality? The global geography of the internet content market. In: *American Behavioral Scientist*, Vol. 44, No. 2: 1679-1696.

Zook, M.A. (2002): Hubs, Nodes and by-passed places: a Typology of E-commerce regions in the United States. In: *Tijdschrift voor Economische en Sociale Geografie*, Vol. 93, No. 5: 509-521.

Zook, M. A. (2005): Mapping the Internet Industry. In: The Geography of the Internet Industry, p. 24-39.

Martin, Ron (2006): Making Sense of the 'New Economy'?: Realities, Myths and Geographies. In: Peter W. Daniels, Andrew Leyshon, Michael J. Bradshaw, Jonathan Beaverstock (Hrsg.): Geographies of the New Economy. Critical Reflections. Routledge Verlag, S. 15 – 48.

Kolko, Jed: The Death of Cities? The Death of Distance? Evidence from the Geography of Commercial Internet Usage. In: Vogelsang, Ingo und Benjamin Compaine (Hrsg.): The Internet Upheaval. MIT Press, 2000b.

Heinze, Inga (2000): Wechselbeziehung zwischen Kulturgeographie und Internet. Universität Freiburg.

Internetquellen

http://www.fcc.gov

http://www.census.gov

http://www.zooknic.com

http://www.internetworldstats.com

http://www.telegeography.com

http://www.denic.de

http://www.ntia.doc.gov